U0220825

〔英〕丽莎·里根 著

王西敏 译

孩子背包里的
大自然

探索奇妙的森林

外语教学与研究出版社
北京

京权图字：01-2022-4115

The Woodland
Copyright © Hodder and Stoughton, 2019
Text © Lisa Regan
Illustration © Supriya Sahai
Simplified Chinese translation copyright @ Foreign Language Teaching
and Research Publishing Co., Ltd.
Simplified Chinese rights arranged through CA-LINK International
LLC (www.ca-link.cn)
All rights reserved

图书在版编目（CIP）数据

孩子背包里的大自然．探索奇妙的森林 ／（英）丽莎·里
根（Lisa Regan）著 ；王西敏译． —— 北京 ：外语教学与研究
出版社 ，2022.10
ISBN 978-7-5213-4016-7

Ⅰ. ①孩… Ⅱ. ①丽… ②王… Ⅲ. ①自然科学－少儿读物
②森林－少儿读物 Ⅳ. ①N49 ②S7-49

中国版本图书馆 CIP 数据核字 (2022) 第 188355 号

出 版 人　王　芳
项目策划　于国辉
责任编辑　于国辉
责任校对　汪珂欣
装帧设计　王　春
出版发行　外语教学与研究出版社
社　　址　北京市西三环北路 19 号（100089）
网　　址　http://www.fltrp.com
印　　刷　北京捷迅佳彩印刷有限公司
开　　本　889×1194　1/16
印　　张　2.25
版　　次　2022 年 11 月第 1 版 2022 年 11 月第 1 次印刷
书　　号　ISBN 978-7-5213-4016-7
定　　价　45.00 元

购书咨询：(010) 88819926　电子邮箱：club@fltrp.com
外研书店：https://waiyants.tmall.com
凡印刷、装订质量问题，请联系我社印制部
联系电话：(010) 61207896　电子邮箱：zhijian@fltrp.com
凡侵权、盗版书籍线索，请联系我社法律事务部
举报电话：(010) 88817519　电子邮箱：banquan@fltrp.com
物料号：340160001

目录

什么是林地？

一片林地，就是数百棵、数千棵甚至数百万棵树汇聚在一起的地方。树林和森林都可以算作林地，但通常森林的面积要比树林大。林地是很多动物和植物的家。

树木有多绿？

在一年中不同的时间段观察树木，你注意到它们之间的差别了吗？树木可以归为两类：**落叶树**和**常绿树**。到了秋天，落叶树的叶子会从绿色变成红色、橘黄色或棕色，然后在相近的时间里掉落。而常绿树的叶子全年都是绿的。**针叶树**是常绿树的一种，它们有球果和细而尖的叶子。

你知道吗？

树木从一个生长阶段到另一个生长阶段的演变被称为"演替"。

从小开始

一片林地的形成要经历很多年。小株植物首先出现，然后逐渐被大株植物取代，土壤也因此发生变化。最终，再由最大的树填满这片地方。

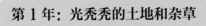

第 1 年：光秃秃的土地和杂草
一切就是这样开始的。蒲公英和豚草等适应性强的植物开始生根。

第 2 年：草和其他植物
草开始生长，接着是蕨类植物。

第 3 ~ 5 年：灌木丛
茎更粗的灌木逐渐取代了草。

世界各地

地球上有3个主要的森林带，划分它们的依据是它们与赤道之间的距离。热带森林形成于赤道附近炎热潮湿的地方。温带森林则覆盖了北美洲、欧洲以及亚洲北部的大部分地区，那些地方四季分明。而大陆相对较冷的地区则被北方森林覆盖，北方森林主要由常绿树木组成。

第6~15年：树苗
瘦小的树苗为生长空间而战。

第16~50年：年轻的林地
小树开始长得比其他植物高。它们获得了更多的阳光，也投下了阴影。

第51年以后：成熟的林地
最大的树已经长得很粗壮了。有时，要等到一棵大树死去后，下层的植物才能照到更多的阳光。

从种子到大树

即使是最大的树也是从小小的种子开始长起来的。你其实已经见过一些树的种子了：橡实、板栗和槭树的翅果都是种子。针叶树把种子藏在球果里——它们通常被称为松果。

小起点

当种子落在合适的土壤中就会萌发，长出根和芽。芽利用储存在种子中的能量，向上穿过土壤，沐浴在阳光中。独具特色的叶子会张开。现在它是一株小苗。

橡树

小苗

橡实

根

槭树的翅果

去远方

如果一颗种子落在母树附近，它可能没有生长的空间。因此，种子传播得越远越好。许多种子借助风力飞到空中或落到水上。还有一些种子，被包裹在美味的水果中。动物们吃掉水果，而水果中未被消化掉的种子则通过排泄，被带到了一个完全不同的地方。

七叶树的种子

树皮

树干坚硬的外层被称为树皮。它可以保护树木，使其免受动物的侵害，并锁住树内的水分，还能让树木免遭恶劣天气、真菌的侵袭。它实际上是一层死皮，不能随着树的生长而舒展，这就是它产生裂缝和图案的原因。

试一试

种植属于你的橡树

当橡实掉落的时候，搜集并观察它们发芽。

• 选择一个饱满的、不干瘪的橡实，然后把它放在一个透明袋子里，里面再加上一些潮湿的叶子和泥土。

• 把袋子（不要密封）放入冰箱，等候春天到来。

• 到了春天，在底部带孔的花盆里填上土壤和肥料，把橡实放进去。

• 把花盆放在阳光充足的地方，经常浇水。

大约3周之后，种子就会发芽啦。

年轮的秘密

仔细观察一个树桩，你会看到横截面上有一个又一个的圆圈，这是树的年轮，能显示这棵树长大的过程。

这棵树最有年头的部分被称为**心材**，是"死木"。

发白的、更年轻的部分，被称为**边材**，是"活木"。

树皮内的细小导管将养分从树叶输送到树的其余部分。

年轮上的痕迹显示着疾病、伤害、污染和森林火灾造成的损害。

树皮内部是**形成层**，它使树干一年比一年强壮。

不同的树木有着不同的树皮，有的树皮很薄，有的树皮很厚。

你知道吗？

树木每生长一年，都会产生一圈新的年轮。

养育生命的叶子

树木和其他植物靠叶子生产所需的养料。叶子利用阳光、二氧化碳和水生产出糖分，同时释放氧气，这个过程被称作**光合作用**，光合作用可以为植物生长提供所需的养料。

一片阔叶单叶

叶尖

叶缘

叶子学堂

叶子大致分为两种。落叶树通常有宽大的叶子，而常绿树的叶子大部分则很细，被称作"针叶"。与针叶相对的阔叶有很多不同的形状。一些是**复叶**，由几片较小的叶子组成。不过，大多阔叶植物的叶子都是**单叶**，一个叶柄上只有一片叶子。

叶片

叶脉

叶中脉

一片复叶

叶柄

看一看

阔叶上有叶脉。叶子通过叶脉将养料输送到树木的其他部位。它们也像骨架一样，使叶子更强壮。在夏天，阔叶几乎全是绿色的，因为叶片里面有一种叫"叶绿素"的色素。叶绿素有助于叶子吸收阳光，以便通过光合作用来产生养料。

各种形状和尺寸

不同形状的叶子适合不同的环境，例如热或冷、湿或干。叶片的边缘也各不相同：一些是光滑的，一些是锯齿状的，还有一些像橡树叶子一样，会开裂，有大小不一的缺刻。

针叶树的针叶也能制造养料。它们并不会每年都全数脱落，有一些叶子的寿命甚至可以长达5年。

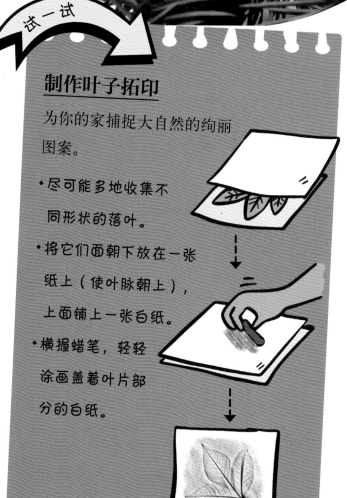

椭圆形
（苹果、水青冈）

浅裂形
（橡树、槭树）

心形
（榛树、青柠）

锯齿形
（山楂、悬铃木）

三角形
（桦树、棉白杨）

条形
（柳树、欧洲栗）

试一试

制作叶子拓印

为你的家捕捉大自然的绚丽图案。

· 尽可能多地收集不同形状的落叶。

· 将它们面朝下放在一张纸上（使叶脉朝上），上面铺上一张白纸。

· 横握蜡笔，轻轻涂画盖着叶片部分的白纸。

走过四季

如果你在一年中的不同时间去观察同一片林地，就会看到它各种各样的变化。随着时间的推移，动物们也在忙着过自己的生活。

蝴蝶在吸食花蜜。

夏季

树上长满了枝叶，森林的地面上到处是树荫。不论在哪里，你都能听到鸟鸣。其中有一些鸟是夏季才飞到这里的。（这种行为被称为**迁徙**。）

春季

春天，万物复苏。许多小动物出生了。鸟儿们收集树枝来筑巢，准备下蛋。林地里开满了花，光秃秃的树枝上长出了花蕾。

像鼬这样的**捕食者**，可能会从鸟窝中偷鸟蛋。

一只刺猬在冬眠。

该睡觉啦

在食物充足的时节，一些林地动物为了尽可能多地囤积脂肪而大量进食，并放慢活动速度以节省能量。为了度过难熬的冬天，有些动物会连续睡上几个星期。在这段时间里，它们的心跳变慢，体温下降。这种行为被称为**冬眠**。花栗鼠、蝙蝠、刺猬、蛇以及一些龟和蛙都会冬眠。其他动物，如熊、浣熊和臭鼬，则睡得很浅，经常醒来吃点东西。

秋季

叶子失去叶绿素，从绿色变成金黄色、棕色或红色。植物长出坚果、浆果等果实，以便传播种子。这给动物们提供了大快朵颐和储存冬粮的机会。

冬芽将会在春天变成新芽。

冬季

冬季，落叶树失去了叶子，但雪花莲、冬青、蕨类等植物则给林地带来了一些生机。这时动物们都依偎在巢穴里取暖。

落叶林

落叶树在湿润和温暖的地方长得最好（不能太热，也不能太冷）。它们在北半球的北美洲、欧洲和东亚分布较为广泛。生活在这片区域的植物和动物需要适应季节的变化。

失去叶子

落叶林中大部分的树木会在秋季的时候落叶。这有助于它们保留之前存储的水分和能量。比较高的几种落叶树是橡树、白蜡树、桦树、枫树、榆树、水青冈、椴树、胡桃树和落叶松。落叶松是个特例，它属于针叶树，但每年也会落叶。

像红隼这样的猛禽喜欢在树的顶端筑巢。

年幼的树木试图获得足够的阳光，以便可以在高层树冠的枝叶下生存。

许多灌木也在努力生长，比如山月桂、美洲越橘和杜鹃花。

你知道吗？

在春天，稀疏的枝叶更便于花粉的传播。

杜鹃花

家
甜蜜的家

为小动物搭一个窝

甲虫、草蛉和许多看上去有些吓人的爬行动物都会冬眠。

你可以为它们提供一个温暖、安全的藏身之地。找一个安静、避风的地方，把掉落的树枝、树叶和松果堆成一堆。在你看来，它可能毫不起眼，但在恶劣天气下，它将是小动物们的避风港。

树松鼠在树干上筑巢，而地松鼠则喜欢在靠近地面的地方活动。

许多昆虫在冬季来临之前产卵。等到春季温度较高时，这些卵就孵化了。

地表是蕨类植物、苔藓、地衣、真菌和许多动物的家园，如青蛙、蛇、蜘蛛和蜈蚣。

常绿林

常绿林主要由针叶树构成——就是那种长着球果和针叶的树。这些树在多雪的冬季和温暖的夏季都能生存，大多位于山脉和海岸附近。你能在北美洲、欧洲和亚洲发现这些森林。

目前，世界上最古老的树之一是生长在美国落基山脉森林里的狐尾松。

巨杉

高耸入云

树林的最上层是由高大的树木组成的树冠层。有些树长得特别高，比如松树、云杉、冷杉等针叶树。

很多甲虫、毛毛虫和象甲会在树皮里做窝。

在这些森林里，数量庞大的蠓虫成了问题。

森林为大型野生动物提供了庇护所，从熊、美洲狮、狼，到鹿、驼鹿和河狸。

地表被苔藓、真菌或者藻类所覆盖，它们在阴凉处长得很好。

试一试

预测天气

仔细观察松果，预测是否下雨。

- 搜集一堆掉落的松果。要搜集不同形状和尺寸的。
- 用棉线把松果系起来，把它们挂在窗户外面，每天检查。
- 为了保存种子，松果外部的鳞片在潮湿的环境中会膨胀并闭合。鳞片紧闭意味着要下雨了，而鳞片张开则预示着干燥的天气即将到来。

在地表

下层的植被由较小的灌木和草组成，上面会覆盖一层干树枝，以及掉落的针叶和叶片。森林火灾的危险性很高，会破坏大片林区。不过，森林大火也并不总是灾难性的：有些植物，比如黑松，需要火才能释放种子，而树木燃烧后的灰烬也会给土壤增加养分。

林地动物

林地里生活着各种各样的动物。大多数林地动物比较胆小，不容易被看到，但是它们总会留下一些痕迹，比如毛发、脚印、粪便和破坏树干的印记。

鹿

你可能在林地里看到过这种胆小的动物。鹿有很多种，它们通常在清晨或者傍晚的时候最活跃。它们吃各种植物，从苹果、花朵到树皮和草。

狼

在美国的落叶林中，生活着濒临灭绝的红狼。灰狼则会在许多北方森林中四处游荡，成群结队地捕食驼鹿、马鹿等动物。

灰狼

棕熊

这种大型动物生活在北美洲、欧洲和亚洲的针叶林和落叶林中。棕熊看起来很凶猛，但其实是以大量的果实和植物的根为食。它们会挖巢穴冬眠，并在春天之前产崽。

郊狼

郊狼只分布在北美洲，它和灰狼是亲戚。郊狼会捕猎小型哺乳动物，但也吃水果和草。

豪猪

你也许会很吃惊，这种长满刺的北美洲动物居然会爬树！它们吃树叶、嫩枝、树皮和矮小的绿色植物。

伶鼬

这种身体细长的动物是世界上最小的**食肉动物**类群。冬天，它们的皮毛会从棕色变为白色。

河狸

河狸生活在水里，但必须在靠近树的地方建造水坝或巢室。说不定你见过正在游泳的河狸。

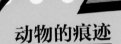

狐狸

狐狸是会在黎明和黄昏时出没的猎手，不过它们的身影却不难被发现，因为相较于森林来说，它们更喜欢去房屋和街道的附近寻找食物。

驼鹿

大部分驼鹿分布在加拿大和俄罗斯的落叶林里，它们长着巨大的、像手一样的鹿角。它们以叶子、嫩枝、花蕾、球果和树皮为食。留心寻找，你可以发现被驼鹿剥去树皮的树干。

试一试

动物的痕迹

学会解读野生动物朋友们留下的信号。

- 沿着林间小路慢慢走，左右环顾。特别留意平坦的草地或泥泞的地方。
- 你能看到脚印吗？它们往哪个方向去了？你能辨认出是哪种动物留下的脚印吗？
- 在笔记本里做记录。画下脚印，或者用手机拍照片。写上日期、时间和天气情况。
- 寻找其他线索，如啃过的坚果、围栏上挂住的毛皮或粪便的颗粒。
- 户外散步后一定要好好洗手。

17

林地鸟类

当你在树林中漫步时，有成百上千只鸟在你周围栖息、孵蛋和觅食。选择一个隐蔽的地点，安静地坐着，你会听到很多鸟鸣，也可能看到很多鸟哦！

仓鸮(xiāo)

猫头鹰

猫头鹰有很多不同的种类，大部分生活在森林里。它们在树洞中筑巢，捕食小型动物。

雀

雀是一种尾巴分叉、身体圆润的小鸟。它们长着三角形的短喙，方便啄食种子。雀有很多种类，有各种可爱的颜色。

这个小球是猫头鹰吐出来的食物中未被消化的部分，被称为食丸。

雌性(左)和雄性(右)

北美金翅雀

红交嘴雀

雌性(左)和雄性(右)

火鸡

交嘴雀

交嘴雀属于雀形目，它们有一个特殊形状的喙，用来取食针叶树的球果。

火鸡

火鸡是鸡形目的鸟类，分布在北美洲的森林里。它们会在树上睡觉，以躲避捕食者。

榛鸡

大多数榛鸡体形中等，有着小巧的头和胖嘟嘟的身体。它们经常在地面活动，啄食植物和种子。

西方松鸡

这种鸟正变得越来越稀少，但在针叶林中却是非常独特的景观。它是松鸡家族中体形最大的成员，分布在欧洲和亚洲的北部。

白头海雕

白头海雕分布在加拿大和美国的部分地区，在针叶林和阔叶林里都可以栖息和繁殖。但因为它们主要以鱼类为食，所以必须在水边生活。

大斑啄木鸟

啄木鸟

春天，仔细聆听，你会听到啄木鸟在树干上敲出打鼓一般的声音，也有机会听到它们的叫声。

雉鸡

雉鸡在地上筑巢，更喜欢跑而不是飞。它们常见于开阔地，喜欢栖息在林地的乔木和灌木中。雉鸡发源于亚洲，现在已经遍布在世界各地的森林中。

试一试

观鸟

如果你能安静地站着不动，就能在林地里看到很多鸟。

- 随身带一个素描本。在林间，画一只鸟通常比给它拍照要更合时宜。记得选取不同角度。
- 记录下尽可能多的细节：身体大小、喙的形状、身体上不同的色块、移动的方式、叫声。
- 永远不要干扰或者移动鸟蛋或者鸟巢。如果你在地上看到鸟的羽毛，可以捡起来。

许多鸟的脚印是前面有三个脚趾，后面有一个。

林地野花

在林地里漫步的时候，你会看到美丽的花朵，花朵的多少取决于你所游览的树林或者森林的类型。常绿林里的花比落叶林里的少，因为那里的生存环境通常更严酷。

铃兰

这种植物的钟形花是白色的，而且有强烈的香味。不过要小心，因为它是有毒的。

加拿大一枝黄花

这种植物在夏天开亮黄色的花，会吸引许多蜜蜂、蝴蝶等昆虫。

白花酢 (cù) 浆草

你可以通过观察叶片来鉴别这种植物。它的每片叶子都由 3 个心形组成，它的花有 5 片花瓣。

犬蔷薇

犬蔷薇喜欢生长在森林边缘。它们的浆果叫蔷薇果。花通常是粉红色的，有 5 片花瓣，十分漂亮。

报春花

这种娇嫩的淡黄色花朵在早春开花。它们生长缓慢，像地毯一样铺满了林地。

蕨类植物不开花，是很常见的矮小植物。

紫罗兰

野生紫罗兰有紫色的心形花瓣和深绿色的叶子。它们的植株比较矮小，能够在阴凉的地方生长。

树莓

树莓灌木丛可以长成巨大的绿篱。它们开美丽、洁白的花，在夏末长出浆果。黑树莓有多刺的茎。

毒葛

蜜蜂喜欢这种植物的黄色花朵，但触摸它们的叶子会让人皮肤发痒，并引起皮疹。

茄科

这些多叶植物可以开出美丽的花，但大多数种类都有毒。其中一种颠茄，因其毒性大而被称为致命茄。

试一试

压花

如果小心处理，你可以将一小部分花带回家长期保存。

- 从书架上找出最重的书。剪一张比书小的硬纸卡片。
- 在卡片上放一张报纸，再放一张纸巾。
- 整理你的花，把它们的花瓣分开，平铺在纸巾上。
- 用另一张纸巾和更多的报纸盖住它们。
- 把所有的东西一起夹在书中，再压上一本很重的书。
- 一个星期后，检查花朵是否已经干枯。

有些花受法律保护，不能采摘。本页上所有无毒的花都可以摘，但只能摘一朵，而且要保证摘花的地方有20朵以上正在开放的相同花朵。

野芝麻

这种植物比许多森林野花都高，每根茎上都有许多独特的黄色带红斑的花朵。

林地奇观

有些生活在林地里的生物看起来像植物，但没有花、根，甚至没有正常的叶子。这其中包括藻类、地衣和各种不属于植物的真菌。

藻类大多生活在水中，但也有一些生长在树干上。它们通过光合作用自己制造食物。

寄生生物

真菌不能自己制造食物，所以它们需要生活在其他物种上并以之为食。有时，真菌会分解腐烂的植物和动物，并使养分回归土壤。有时，它们会腐蚀活着的树根，树木也会因此死亡。

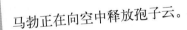

马勃正在向空中释放孢子云。

繁殖

大多数花都是通过授粉来繁殖。花粉在花朵之间传递（由风、动物和昆虫携带），授粉后的花朵生出种子。许多真菌会释放微小的**孢子**而不是种子。如果它们降落在潮湿的地方，就会长出新的真菌。

毒蕈和蘑菇也是真菌，切勿在野外采摘和盲目食用，因为它们可能有毒。

附生植物

附生植物会依附在活着的植物上。附生植物中有一类比较特殊的种类，它们完全从周围环境中获取水分和养分，也被称为"空气植物"。其余附生植物虽然不会直接掠夺被附生植物的营养，但也会从其表面的腐殖质中吸取养分。虽然它们不属于寄生植物，但有时长得太厚，也会对被附生植物产生伤害。

蜜环菌生长在地下，攻击各种植物的根部。

试一试

制作孢子印

蘑菇的底部由菌褶构成，就像轮子的辐条一样。这是保存微小孢子的地方。自己观察一下吧！

• 挑选一个大蘑菇（从超市里买，这样你就知道它们是安全的，可以触摸）。去掉菌柄。

• 将菌盖放在一张白纸上。（如果你拥有显微镜，请使用显微镜的载玻片。）

• 在蘑菇上滴一滴水，然后用玻璃杯或碗扣住。静置一夜。

• 你会得到一个由掉落的孢子组成的孢子印。

原木里有什么？

你知道吗？

原木也被称作"保姆木"，因为它养活了其他的生物。

下次当你跳过倒地的原木时，停下来仔细看一看。它很可能是各种有趣生物的家。即使它已经死去，大自然也会物尽其用。

在干燥的天气里，腐烂的原木是很好的水源。水分留在木头的深处。

感受腐烂

倒下的原木失去了生命，却可以为其他生物提供食物和庇护所。原木自身将开始腐烂，最终成为土壤的一部分。许多依附于原木的生物会加速它腐烂的过程，它们会在原木中挖洞并以原木为食。

啄木鸟等鸟类以蛴螬（qícáo）等昆虫为食。

有些真菌与藻类一起生长，形成地衣。尽管看起来像植物，但它们不是植物。

干腐菌和白腐菌"消化"木材并使其分解。

细菌有助于将木材分解成粉末，使营养物质回归土地。

24

在晚春，你可能会在植物的茎上发现白色泡沫，人们常说这是"布谷鸟的唾沫"，其实这根本不是唾沫，它里面有一种小小的白色昆虫，叫"沫蝉"。

微型世界

原木就是一个微生境：在这个特定的地方有一个小型的、专门的生态系统。生态系统是一个区域内所有生物的集合，它们之间相互联系，并且与周围环境——包括阳光、雨水、温度和土壤——相互作用。

苔藓是一种结构简单的植物，适合生长在潮湿的环境中。

木工蚁在这里安家落户，它们筑巢的时候会在木头上留下一条条隧道，被称为"虫沟"。

甲虫和其他昆虫在原木里产卵。幼虫孵化时以木头为食。

试一试

制作吸虫器

收集昆虫新方法，解放双手不用怕！

过后一定要把昆虫们放回原处哦。

- 找一个带密封盖的透明罐子。
- 请家长在盖子上打两个孔，大小刚好可以插入一根吸管。
- 两个孔分别插入吸管后用黏土堵塞缝隙。
- 用一小块纱布盖住一根吸管的末端。把它粘好。
- 盖上盖子，去试试你的吸虫器吧。将未覆盖纱布的吸管对准一粒大米（或一只昆虫），然后用力吸吮用纱布盖住的吸管，把目标物吸进罐子。
- 一次只吸一只昆虫，通过玻璃观察它们。几分钟后要记得放了它们哦。

寻找食物

林地中的生物生活在一起，彼此互动。食物链显示着捕食与被捕食的关系。例如，草被兔子吃，兔子被狐狸吃。林地中有许多食物链，这些食物链联结在一起便形成了食物网。

生产者和消费者

食物链中的第一级生物是植物。这些植物被称为**生产者**，因为它们利用阳光自己制造食物。植物被**植食性动物**吃掉，比如蚱蜢、兔子或鹿。这类动物被称为**初级消费者**。接下来是以这些动物为食物的次级消费者。食物链可以容纳许多消费者。

有些动物，比如乌鸦，是**食腐动物**，它们以死去的动物为食。

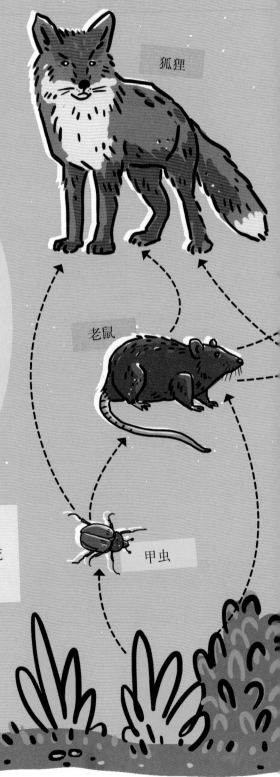

狐狸

老鼠

甲虫

猫头鹰

食物链的顶端

处于食物链顶端的动物被称为**顶级捕食者**。它们几乎没有天敌,比如鹰、猫头鹰、狼和熊。

白鼬

真菌和细菌是分解物质的**分解者**。它们以死去的动物和植物为食。(分解者不属于食物链,它们与生产者和消费者共同构成生态系统。)

兔子

失去联结

如果食物网的一部分消失,其他部分也会受到影响。如果草在干旱时期死亡,不仅兔子会没有食物,狐狸最终也会没有兔子吃。同样,如果狐狸数量减少,它们就不会吃那么多兔子,很快就会有许多兔子,它们就会吃掉所有的草。

保护我们的林地

许多人有幸可以住在一片小树林附近。林地是观察自然、捉迷藏和安家的好地方。有些森林广阔许多，位于被称为国家公园的保护区域内。

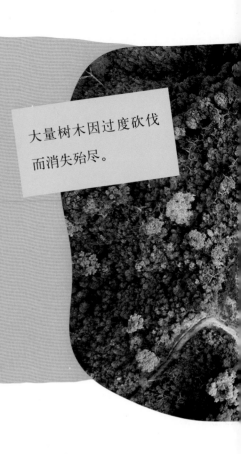

大量树木因过度砍伐而消失殆尽。

国家公园

国家公园中的土地和野生动植物受法律保护。大多数国家公园对公众开放，你可以在特定区域露营、玩耍和野餐。我们要尊重和享受这些美丽的荒野。美国黄石国家公园中有大片针叶林，英国舍伍德森林里则有数百年的落叶林。

美国黄石国家公园

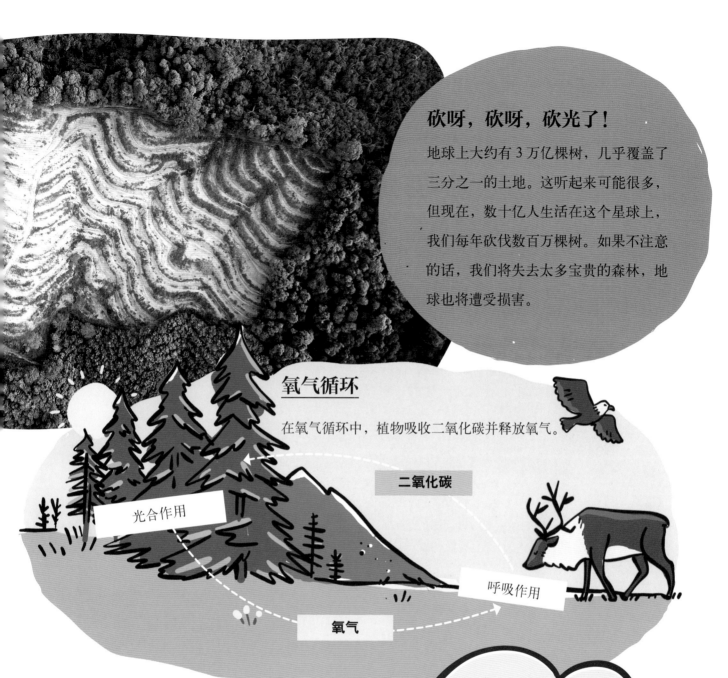

砍呀，砍呀，砍光了！

地球上大约有 3 万亿棵树，几乎覆盖了三分之一的土地。这听起来可能很多，但现在，数十亿人生活在这个星球上，我们每年砍伐数百万棵树。如果不注意的话，我们将失去太多宝贵的森林，地球也将遭受损害。

氧气循环

在氧气循环中，植物吸收二氧化碳并释放氧气。

光合作用

二氧化碳

呼吸作用

氧气

为什么森林如此重要？

森林是大量生物的家园，从微小的昆虫到大型哺乳动物。植物被用于医药和化妆品。树木吸收我们呼吸或燃烧化石燃料时产生的二氧化碳，并将其转化为我们生存所需的氧气。植物的根将土壤颗粒紧紧地维系在一起，以免水土流失。

你能做什么？

想想你是如何使用纸张的。尽可能多地回收利用，尽可能做到无纸化生活。尝试购买用回收材料制作的物品。如果你家院子里有足够的空间，就种一棵树。最重要的是，享受森林之旅吧，在那里，你可以真正欣赏到大自然的神奇和美丽。

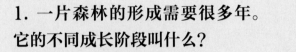

小测验

1. 一片森林的形成需要很多年。它的不同成长阶段叫什么？

a）扩展

b）演替

c）暂停

2. 落叶林有什么特点？

a）它们在秋季改变颜色

b）它们在冬季改变形状

c）它们在夏季改变位置

3. 刺猬在冬季睡觉以节省能量。这种长时间的睡眠叫什么？

a）冬眠

b）保存

c）度假

4. 白蜡树有复叶。这是什么意思？

a）叶子是由几个较小的叶片组成

b）树叶有几种不同的形状

c）冬天树叶会脱落

5. 针叶林有什么特点？

a）阔叶和孢子

b）球果和针叶

c）鲜花和浆果

6. 什么是微生境？

a）它是植物中发现种子的地方

b）它是蚂蚁产卵的地方

c）它是一个适合特定地方的小型生态系统

7. 植物是食物链的一部分，被称为生产者。为什么这么说？

a）因为它们制造氧气

b）因为它们产生水

c）因为它们利用太阳光自己制造食物

8. 林地里有很多野花。下面哪一种花朵是钟形的，有香味，但是有毒？

a）铃兰

b）吊兰

c）睡莲

答案：1b, 2a, 3a, 4a, 5b, 6c, 7c, 8a

30